河南省工程建设标准

混合砂混凝土应用技术规程

Technical specification for application of mixed sand concrete

DBJ41/T048—2016

主编单位:河南省建筑科学研究院有限公司
　　　　　河南省建筑工程质量监督总站
批准单位:河南省住房和城乡建设厅
施行日期:2016 年 11 月 1 日

U0286093

黄河水利出版社

2016　郑　州

图书在版编目(CIP)数据

混合砂混凝土应用技术规程/河南省建筑科学研究院有限公司,河南省建筑工程质量监督总站主编. —郑州:黄河水利出版社,2016.9

河南省工程建设标准

ISBN 978 - 7 - 5509 - 1260 - 1

Ⅰ.①混… Ⅱ.①河… ②河… Ⅲ.①混合砂浆 - 混凝土 - 技术操作规程 - 河南 Ⅳ.①TU528 - 65

中国版本图书馆 CIP 数据核字(2016)第 237712 号

出　版　社:黄河水利出版社
　　　　　地址:河南省郑州市顺河路黄委会综合楼 14 层　邮政编码:450003
发行单位:黄河水利出版社
　　　　　发行部电话:0371 - 66026940、66020550、66028024、66022620(传真)
　　　　　E-mail:hhslcbs@ 126. com
承印单位:河南省瑞光印务股份有限公司
开本:850 mm×1 168 mm　1/32
印张:1
字数:25 千字　　　　　　　　　　印数:1—2 000
版次:2016 年 9 月第 1 版　　　　　印次:2016 年 9 月第 1 次印刷

定价:22.00 元

河南省住房和城乡建设厅文件

豫建设标〔2016〕60号

河南省住房和城乡建设厅关于发布河南省工程建设标准《混合砂混凝土应用技术规程》的通知

各省辖市、省直管县(市)住房和城乡建设局(委),郑州航空港经济综合实验区市政建设环保局,各有关单位:

河南省工程建设标准《人工砂质量标准及应用技术规程》(DBJ41/T048—2003)由河南省建筑科学研究院有限公司、河南省建筑工程质量监督总站进行了修订,已通过评审,名称变更为《混合砂混凝土应用技术规程》,现予批准发布,编号为 DBJ41/T048—2016,自 2016 年 11 月 1 起在我省施行,《人工砂质量标准及应用技术规程》(DBJ41/T048—2003)同时作废。

此标准由河南省住房和城乡建设厅负责管理,技术解释由河南省建筑科学研究院有限公司、河南省建筑工程质量监督总站负责。

河南省住房和城乡建设厅

2016 年 9 月 6 日

前 言

　　本规程是在原河南省工程建设标准《人工砂质量标准及应用技术规程》(DBJ41/T048—2003)的基础上,由河南省建筑科学研究院有限公司、河南省建筑工程质量监督总站和郑州市工程质量监督站会同有关单位修订而成的。

　　本规程在修订过程中,广泛调查研究,在大量试验的基础上,总结实践经验,并征求有关单位意见,形成定稿。

　　本规程共分6个部分:1 总则;2 术语;3 基本规定;4 原材料;5 配合比设计;6 生产、施工与验收。

　　本次修订的主要技术内容包括:

　　1　对混合砂配制混凝土的强度等级做了规定。

　　2　对混合砂中的特细砂的细度模数做了规定。

　　3　对特细砂的含泥量测定进行了限制。

　　4　增加了混合砂混凝土用水泥、粗骨料、矿物掺合料、外加剂和拌和水的要求。

　　5　将混合砂混凝土的配合比设计单列一章,对混合砂混凝土的配合比设计做了规定。

　　6　对混合砂混凝土的养护做了要求。

　　本规程由河南省住房和城乡建设厅负责管理,由河南省建筑科学研究院有限公司负责具体内容的解释。执行过程中如有意见或建议,请寄送河南省建筑科学研究院有限公司(地址:郑州市金水区丰乐路4号,邮政编码:450053)。

　　主编单位:河南省建筑科学研究院有限公司
　　　　　　　河南省建筑工程质量监督总站
　　参编单位:郑州市工程质量监督站

周口公正建设工程检测咨询有限公司

河南五建混凝土有限公司

郑州恒基混凝土有限公司

郑州市鑫海混凝土有限公司

河南神力混凝土有限公司

郑州磐石新兴实业有限公司

河南发展混凝土有限公司

主要起草人：李美利　郭士干　唐碧凤　张　顼

　　　　　　杜　沛　曹　静　徐　博　扈青素

　　　　　　薛学涛　李江林　杨付增　李宝玉

　　　　　　屈力群　李晓卫　梁　豪　陈志云

　　　　　　崔子阳　张　耘　张保民　王云飞

　　　　　　刘　牧　周　祎　马淑霞　李伟峰

　　　　　　焦建伟　袁兴龙　毛庆平　董浩立

　　　　　　徐　委　罗桂娟　杜新林　程　礼

　　　　　　孔庆节

主要审查人员：刘立新　解　伟　张利萍　胡伦坚

　　　　　　　张　维　王清彬　杨　勇　张　涛

　　　　　　　杨明宇

目　次

1 总　则

1.0.1　为规范混合砂混凝土在建设工程中的应用,做到技术先进、经济合理,确保工程质量,特制定本规程。

1.0.2　本规程适用于工业与民用建筑和一般构筑物中的混合砂混凝土的配制及应用。

1.0.3　在按本规程配制混合砂混凝土和生产混合砂混凝土制品时,除应符合本规程的要求外,尚应符合国家现行有关标准的规定。

2 术 语

2.0.1 混合砂 mixed sand

由机制砂与天然砂混合而成的砂。

2.0.2 机制砂 manufactured sand

经除土处理,由机械破碎、筛分制成的,公称粒径小于 5.00 mm 的岩石、矿山尾矿、工业废渣的颗粒,但不包括软质、风化的颗粒,俗称人工砂。

2.0.3 细度模数 fineness module

衡量砂粗细程度的指标。

2.0.4 特细砂 super fine sand

细度模数为 0.7 ~ 1.5 的天然砂。

2.0.5 含泥量 dust content

天然砂中公称粒径小于 80 μm 颗粒的含量。

2.0.6 混合砂混凝土 mixed sand concrete

用混合砂作为细骨料配制的混凝土。

2.0.7 碱—集料反应 alkali-aggregate reaction

水泥、外加剂等混凝土组成物及环境中的碱与集料中碱活性矿物在潮湿环境下缓慢发生并导致混凝土开裂破坏的膨胀反应。

3 基本规定

3.0.1 混合砂配制混凝土的强度等级不宜高于 C60。用混合砂配制 C60 以上强度等级混凝土,应通过试验,取得可靠数据,经论证满足性能要求后方可使用。

3.0.2 混合砂混凝土的放射性应符合现行国家标准《建筑材料放射性核素限量》GB 6566 的规定。

3.0.3 混合砂混凝土的物理力学性能指标可按现行的混凝土结构设计规范取值。

3.0.4 当天然砂的细度模数小于 0.7 时,应通过试验,满足相关技术要求后方可使用。

3.0.5 对于长期处于潮湿环境的重要混凝土结构所用的混合砂,应进行碱—集料反应试验,并应符合现行国家标准《建设用砂》GB/T 14684 的规定。

4 原材料

4.1 细骨料

4.1.1 混合砂的性能应满足下列规定：

1 混合砂的粗细程度按其细度模数 μ_f 分为粗、中、细三种规格，其细度模数范围应符合下列规定：

粗砂：$\mu_f = 3.7 \sim 3.1$；

中砂：$\mu_f = 3.0 \sim 2.3$；

细砂：$\mu_f = 2.2 \sim 1.6$。

2 混合砂的颗粒级配应处于表 4.1.1-1 中的任何一个区以内。

表 4.1.1-1 混合砂的颗粒级配区

级配区 公称粒径	累计筛余(%)		
	Ⅰ区	Ⅱ区	Ⅲ区
5.00 mm	10 ~ 0	10 ~ 0	10 ~ 0
2.50 mm	35 ~ 5	25 ~ 0	15 ~ 0
1.25 mm	65 ~ 35	50 ~ 10	25 ~ 0
0.63 mm	85 ~ 71	70 ~ 41	40 ~ 16
0.315 mm	95 ~ 80	92 ~ 70	85 ~ 55
0.16 mm	100 ~ 90	100 ~ 90	100 ~ 90

注：1. 混合砂的实际颗粒级配与表中所列数字相比，除 5.00 mm 和 0.63 mm 筛档外，可以略有超出，但超出总量应小于 5%。

2. Ⅰ区混合砂中 0.16 mm 筛孔的累计筛余可以放宽到 100% ~ 85%，Ⅱ区混合砂中 0.16 mm 筛孔的累计筛余可以放宽到 100% ~ 80%，Ⅲ区混合砂中 0.16 mm 筛孔的累计筛余可以放宽到 100% ~ 75%。

3. 当混合砂的实际颗粒级配不符合表 4.1.1-1 的规定时，宜采取相应的技术措施，并经试验证明能确保混凝土质量后，方可允许使用。

3 混合砂中的石粉含量应符合表4.1.1-2的规定。

表4.1.1-2　混合砂的石粉含量

混凝土强度等级		≥C60	C55～C30	≤C25
石粉含量（%）	MB＜1.4（合格）	≤5.0	≤7.0	≤10.0
	MB≥1.4（不合格）	≤2.0	≤3.0	≤5.0

注：MB为混合砂中亚甲蓝测定值。

4 混合砂的坚固性应采用硫酸钠溶液检验,试样经5次循环后,其质量损失应符合表4.1.1-3的规定。

表4.1.1-3　混合砂的坚固性指标

混凝土所处的环境条件及其性能要求	5次冻融循环后的质量损失（%）
在严寒及寒冷地区室外使用并经常处于潮湿或者干湿交替状态下的混凝土 对于有抗疲劳、耐磨、抗冲击要求的混凝土 有腐蚀介质作用或经常处于水位变化区的地下结构混凝土	≤8
其他条件下使用的混凝土	≤10

5 混合砂的总压碎值指标应小于30%。

6 混合砂中的云母、轻物质、有机物、硫化物及硫酸盐等有害物质,应符合现行行业标准《普通混凝土用砂、石质量及检验方法标准》JGJ 52的规定。

7 混合砂的表观密度应大于等于2 500 kg/m³。

4.1.2 混合砂中特细砂应满足如下规定:

1 特细砂的含泥量应满足表4.1.2-1中的规定。

表4.1.2-1　特细砂中的含泥量

混凝土强度等级	≥C60	C55～C30	≤C25
含泥量（按质量计,%）	≤2.0	≤3.0	≤5.0

2 特细砂的含泥量测定应采用现行行业标准《普通混凝土用砂、石质量及检验方法标准》JGJ 52 中的"虹吸管法"进行。

4.1.3 混合砂中所使用的机制砂应符合现行行业标准《普通混凝土用砂、石质量及检验方法标准》JGJ 52 和《人工砂混凝土应用技术规程》JGJ/T 241 的规定。

4.2 水 泥

4.2.1 混合砂混凝土宜选用通用硅酸盐水泥,其性能指标应符合现行国家标准《通用硅酸盐水泥》GB 175 的规定;当采用其他品种水泥时,其性能应符合国家现行有关标准的规定。

4.2.2 混合砂混凝土用水泥进厂时,应对其强度、安定性和凝结时间进行检验。检验结果应符合国家现行有关标准的规定。水泥性能的检验方法应符合国家现行有关标准的规定。

4.3 粗骨料

4.3.1 混合砂混凝土中粗骨料质量应符合现行行业标准《普通混凝土用砂、石质量及检验方法标准》JGJ 52 的规定。

4.3.2 混合砂混凝土粗骨料应采用连续粒级的碎石或卵石。当颗粒级配不符合要求时,宜采用多级配组合的方式进行试验调整。

4.4 矿物掺合料

4.4.1 粒化高炉矿渣粉、天然沸石粉、石灰石粉、硅灰应分别符合《用于水泥和混凝土中的粒化高炉矿渣粉》GB/T 18046、《天然沸石粉在混凝土与砂浆中应用技术规程》JGJ/T 112、《石灰石粉在混凝土中应用技术规程》JGJ/T 318、《砂浆和混凝土用硅灰》GB/T 27690 的规定。

4.4.2 矿物掺合料进厂时应具有质量证明文件,并应按相应现行标准的规定批量进行复检,其掺量应符合有关规定并通过试验确定。

4.4.3 粉煤灰作为矿物掺合料时,宜采用符合现行国家标准《用于水泥和混凝土中的粉煤灰》GB/T 1596 规定的Ⅰ级或Ⅱ级粉煤灰。

4.4.4 采用其他品种矿物掺合料时,应符合相关标准的规定,并应通过试验确定。

4.5 外加剂

4.5.1 混合砂混凝土用外加剂应符合现行国家标准《混凝土外加剂应用技术规范》GB 50119、《混凝土外加剂》GB 8076、《混凝土膨胀剂》GB 23439 等的规定。

4.5.2 当混合砂混凝土采用防冻剂时,混凝土防冻剂应符合现行行业标准《混凝土防冻剂》JC 475 的规定。

4.5.3 外加剂性能的检验方法应符合国家现行有关标准的规定。

4.6 拌和用水

4.6.1 混合砂混凝土拌和用水应符合现行国家标准《混凝土用水标准》JGJ 63 的规定。

4.6.2 当使用经沉淀或压滤处理的生产废水单独或与其他混凝土拌和用水按实际生产用比例混合后用作混凝土拌和用水时,水质均应符合现行行业标准《混凝土用水标准》JGJ 63 的规定。

5 配合比设计

5.0.1 混合砂混凝土配合比设计应根据混凝土强度等级、施工性能、力学性能、长期性能和耐久性能等要求,在满足施工要求和工程设计的条件下,遵循低水泥用量、低用水量和低收缩性能的原则,按现行行业标准《普通混凝土配合比设计规程》JGJ 55 的规定进行。

5.0.2 对有抗裂性能要求的混合砂混凝土,应通过混凝土抗裂性能和早期收缩性能试验优选配合比。

5.0.3 混合砂混凝土配合比计算、试配、调整与确定应按现行行业标准《普通混凝土配合比设计规程》JGJ 55 的有关规定执行。

5.0.4 混合砂宜配制大流动性及泵送混凝土。

5.0.5 混合砂中的特细砂的掺合比例应通过试验确定,混合砂应混合均匀,混合砂的比例可参考式(5.0.5)计算:

$$\mu_f = \beta\mu_{f1} + (1 - \beta)\mu_{f2} \qquad (5.0.5)$$

式中 μ_f——混合砂的细度模数;

μ_{f1}、μ_{f2}——机制砂、特细砂的细度模数;

β——机制砂占混合砂中的比例。

5.0.6 在配制相同强度等级的混凝土时,混合砂混凝土的胶凝材料总量宜在天然砂混凝土胶凝材料总量的基础上适当增加;对于配制高强度混合砂混凝土,水泥和胶凝材料用量分别不宜大于 500 kg/m³ 和 600 kg/m³。

5.0.7 配制混合砂混凝土时,宜采用细度模数为 2.3~3.2 的混合砂。

5.0.8 泵送混凝土用混合砂的细度模数宜为 2.1~3.0,且通过 0.315 mm 筛孔的砂不应少于 15%。

6　生产、施工与验收

6.0.1　混合砂混凝土应采用强制式搅拌机搅拌,其搅拌时间应在天然砂混凝土搅拌时间的基础上适当延长,以保证出料均匀。但从全部材料投完算起不应少于 30 s。

6.0.2　混凝土搅拌机应符合现行国家标准《混凝土搅拌机》GB/T 9142 的有关规定。

6.0.3　混合砂混凝土的养护应按现行国家标准《混凝土质量控制标准》GB 50164 和《混凝土结构工程施工规范》GB 50666 中关于混凝土养护的要求执行。

6.0.4　混合砂混凝土的施工技术方案中应有混合砂混凝土的早期养护措施。

6.0.5　冬季施工的混合砂混凝土采用自然养护时宜使用不透明的塑料薄膜覆盖或喷洒养护液。日均气温低于 5 ℃时,不得采取浇水自然养护方法。混凝土浇筑后,应立即采用塑料薄膜及保温材料覆盖。

6.0.6　掺用膨胀剂的混合砂混凝土,养护龄期不应少于 14 d。

6.0.7　混合砂用于蒸汽养护的钢筋混凝土和预应力钢筋混凝土构件时,其养护时间和养护制度必须经过试验确定。

6.0.8　混合砂混凝土侧模拆除时,混凝土强度应能保证其表面及棱角不受损伤。混合砂混凝土底模拆除时,其强度应符合设计要求。

6.0.9　混合砂混凝土养护用水应符合现行行业标准《混凝土用水标准》JGJ 63 的规定。

6.0.10　混合砂混凝土工程施工质量验收应符合现行国家标准《混凝土结构工程施工质量验收规范》GB 50204 的规定。

本规程用词说明

1　为便于在执行本标准条文时区别对待,对要求严格程度不同的词说明如下:

(1)表示很严格,非这样做不可的用词:

正面词采用"必须",反面词采用"严禁"。

(2)表示严格,在正常情况下均应这样做的用词:

正面词采用"应",反面词采用"不应"或"不得"。

(3)表示允许稍有选择,在条件许可时首先应这样做的用词:

正面词采用"宜",反面词采用"不宜"。

2　条文中指明应按其他有关标准、规范执行时,写法为"应按……执行"或"应符合……要求或规定"。

引用标准名录

《建设用砂》GB/T 14684

《普通混凝土用砂、石质量及检验方法标准》JGJ 52

《人工砂混凝土应用技术规程》JGJ/T 241

《建筑材料放射性核素限量》GB 6566

《通用硅酸盐水泥》GB 175

《用于水泥和混凝土中的粒化高炉矿渣粉》GB/T 18046

《天然沸石粉在混凝土与砂浆中应用技术规程》JGJ/T 112

《石灰石粉在混凝土中应用技术规程》JGJ/T 318

《砂浆和混凝土用硅灰》GB/T 27690

《用于水泥和混凝土中的粉煤灰》GB/T 1596

《混凝土外加剂应用技术规范》GB 50119

《混凝土外加剂》GB 8076

《混凝土膨胀剂》GB 23439

《混凝土防冻剂》JC 475

《混凝土用水标准》JGJ 63

《普通混凝土配合比设计规程》JGJ 55

《混凝土泵送施工技术规程》JGJ/T 10

《混凝土搅拌机》GB/T 9142

《混凝土质量控制标准》GB 50164

《混凝土结构工程施工规范》GB 50666

《混凝土结构工程施工质量验收规范》GB 50204

《混凝土结构设计规范》GB 50010

《混凝土结构耐久性设计规范》GB/T 50476

河南省工程建设标准

混合砂混凝土应用技术规程

Technical specification for application of
mixed sand concrete

DBJ41/T048—2016

条 文 说 明

目　次

1 总　则

1.0.1　本条说明了制订本规程的目的。

随着我国基本建设的飞速发展,建筑用砂数量和质量要求日益提高,级配良好、质地坚硬、颗粒洁净、细度模数在 2.3~3.0 的河砂,面临枯竭。因此,开辟新的砂源势在必行。

然而,河南地区石灰石资源丰富,部分地区在 20 世纪 90 年代初就开始使用机制砂配制混凝土。为规范机制砂的应用,保护环境,充分利用地方资源,2003 年河南省制定了地方行业标准《人工砂质量标准及应用技术规程》DBJ41/T048—2003。

从我省近些年使用的机制砂来看,机制砂存在表面粗糙,级配不合理,颗粒级配大多呈两头多、中间少的情况,导致使用机制砂配制的混凝土用水量大、保水性差,混凝土表面易泌水,且不利于泵送施工。

我省天然砂资源匮乏,郑州地区基本枯竭。而黄河河道两旁又存在大量的细砂和特细砂,甚至有部分黄河砂的粒径太细,不符合行业标准规定的特细砂要求,其单独使用受到限制或者根本不能单独使用。若将一定量的机制砂与黄河砂混合,通过调整比例使其细度模数达到 2.3~3.0,即达到中砂,这两种砂将优势互补,黄河砂良好的粒形可以弥补机制砂粒形差的缺点,细度模数大的机制砂可以弥补细度模数小的黄河砂的缺点。一种良好级配的混合砂,可以配制出流动性好、离析泌水少,泵送性优的混凝土,同时混凝土的外观质量得到改善,也减少了水泥用量。使用黄河砂既充分利用了资源,又有助于增强调水调沙、冲刷下游河床的效果。

黄河砂与机制砂混合的混合砂作为混凝土细骨料在河南部分

地区已广泛使用,取得了丰富的实践经验,同时重庆、贵州以及我国其他部分地区也有丰富的科研成果和实际经验。为了合理利用混合砂,规范混合砂混凝土的应用,也便于质量管理以及监管部门的监管,有必要制订出混合砂混凝土的应用技术规程。

1.0.2 本条说明了规程的适用范围。

2 术 语

2.0.1~2.0.5 列出的术语与现行国家标准《建设用砂》GB/T 14684 和现行行业标准《普通混凝土用砂、石质量及检验方法标准》JGJ 52 一致。

2.0.6 本条定义了混合砂混凝土的定义。

2.0.7 本条定义了碱—集料反应的定义。引自现行国家标准《建设用砂》GB/T 14684。

3 基本规定

3.0.1 国内和我省已有大量的科研成果和实际工程利用混合砂配制 C60 混凝土,因此做了混合砂配制混凝土的强度等级不宜高于 C60 的规定。

对于选用混合砂配制强度等级高于 C60 混凝土,目前我省的科研成果和实践经验还不足,如果工程需要,应通过试验,取得可靠数据,经论证满足性能要求后方可使用。

3.0.2 为了防止过量辐射对人体的伤害,保障建筑环境辐射的安全,对混合砂混凝土的放射性做出规定,并按现行国家标准《建筑材料放射性核素限量》GB 6566 的规定严格控制。

3.0.3 本条是本规程修订前的第5.0.3条。

3.0.4 为了防止过细的特细砂对混凝土性能可能造成的不良影响,混合砂中的特细砂宜选择细度模数较大者。如果受细骨料资源限制,只有采用细度模数小于 0.7 的天然砂时,须经试验验证强度;当结构需要或设计有要求时,可验证混凝土早期开裂、早期收缩变形性能以及其他技术指标。

3.0.5 因活性骨料产生膨胀、需水和高碱,缺一不可,否则不会产生膨胀,因此本条规定对于长期处于潮湿环境的重要混凝土结构所用的混合砂,应进行碱—集料反应。碱—集料反应应符合现行国家标准《建设用砂》GB/T 14684 的规定。当骨料判为有潜在危害时,混合砂混凝土中的碱含量不应超过现行国家标准《混凝土结构设计规范》GB 50010 的规定。

4 原材料

4.1 细骨料

4.1.1 混合砂的技术要求如下:

1 混合砂的分级与现行行业标准《普通混凝土用砂、石质量及检验方法标准》JGJ 52 一致。考虑生产效率、生产能耗以及当前混合砂的实际使用现状,混合砂不宜包括特细砂。

2 本条是本规程修订前的第4.0.2条。

3～6 其规定与现行行业标准《普通混凝土用砂、石质量及检验方法标准》JGJ 52 一致。

7 本条是本规程修订前的第4.0.5条。

4.1.2 混合砂中特细砂应满足如下规定:

1 混凝土中的含泥量对混凝土拌和物和硬化混凝土的性能都有重要影响,且对低强度等级混凝土的影响比对高强度等级混凝土的影响小。本条对特细砂的含泥量做了限制,对强度等级高的混凝土所用特细砂含泥量的要求更严格。

2 为了较准确测定特细砂中的含泥量,本条规定特细砂的含泥量测定应采用现行行业标准《普通混凝土用砂、石质量及检验方法标准》JGJ 52 中的"虹吸管法"进行。

4.1.3 为了提高机制砂的生产水平,保证混合砂混凝土的质量,规定混合砂中所使用的机制砂应符合现行行业标准《普通混凝土用砂、石质量及检验方法标准》JGJ 52 和《人工砂混凝土应用技术规程》JGJ/T 241 的规定。

4.2 水 泥

4.2.1~4.2.2 规定了混合砂混凝土宜采用的水泥种类以及对进场水泥检验的要求。

4.3 粗骨料

4.3.2 为保证混合砂混凝土的质量,混合砂混凝土粗骨料应采用连续粒级的碎石或卵石。当颗粒级配不符合要求时,应采用多级配组合的方式进行试验调整。

4.4 矿物掺合料

4.4.1~4.4.4 对混合砂混凝土所使用的矿物掺合料做了规定。

4.5 外加剂

4.5.1~4.5.3 对混合砂混凝土所使用的外加剂做了规定。

4.6 拌和用水

4.6.1 本条规定混合砂混凝土拌和用水应符合现行国家标准《混凝土用水标准》JGJ 63 的规定。

4.6.2 为了减少混凝土生产废水的排放,保护环境,鼓励企业对废水进行处理,并利用处理后的水拌制混凝土,做了本条规定。

5 配合比设计

5.0.1 遵循低水泥用量、低用水量和低收缩性能的混凝土配合比设计原则，是保证混凝土质量和经济性的重要技术措施，也符合现行国家标准《混凝土结构耐久性设计规范》GB/T 50476 中对混凝土的要求。

5.0.2 试验与工程经验证明，混合砂混凝土早期收缩变形大，容易早期开裂，因此其配合比设计应优选早期抗开裂性能好且收缩小的混合砂混凝土配合比。

5.0.3 本条是本规程修订前的第 5.0.4 条。

5.0.4 机制砂混凝土的流动性比天然砂混凝土差，且坍落度损失大，在配制低塑性及干硬性混凝土时，可单独采用机制砂。因此，本条规定混合砂宜配制大流动性及泵送混凝土。

5.0.5 本条是本规程修订前的第 5.0.7 条中的部分规定。

5.0.6 与天然砂相比，混合砂比表面积较大，在混凝土达到相同工作性能时，混合砂混凝土的胶凝材料用量较多。因此，建议混合砂混凝土的胶凝材料最低用量比现行行业标准《普通混凝土配合比设计规程》JGJ 55 中规定的胶凝材料最低限量提高 20 kg/m³ 左右。

5.0.7 配制混合砂混凝土时宜优先选用颗粒级配在 Ⅱ 区范围的混合砂，以便在保证混合砂混凝土质量的前提下，尽可能减少机制砂的生产能耗。

5.0.8 本条是本规程修订前的第 5.0.7 条中的部分规定。

6 生产、施工与验收

6.0.1 预拌商品混凝土的生产通常采用强制式搅拌机搅拌,本条规定了混合砂混凝土应采用强制式搅拌机搅拌。混合砂中主要为机制砂,机制砂粗颗粒较多,表面粗糙、棱角多,颗粒级配波动大,导致混合砂混凝土的黏稠度较大,其搅拌时间应在天然砂混凝土搅拌时间的基础上适当延长,这样可以提高混合砂混凝土拌和物的均匀性。

6.0.2 本条规定了混合砂混凝土所使用的搅拌机应符合现行国家标准《混凝土搅拌机》GB/T 9142 的有关规定,目的就是保证搅拌机出料均匀。

6.0.3 本条规定了混合砂混凝土养护过程中的质量控制依据。

6.0.4 本条是本规程修订前的第 5.0.10 条中的部分规定。

6.0.5 本条规定了混合砂混凝土冬期养护的加强措施。

6.0.6 掺用膨胀剂的混合砂混凝土,应适当延长养护时间。本条规定了掺用膨胀剂的混合砂混凝土的养护龄期不应少于 14 d。

6.0.10 本条规定了混合砂混凝土的工程施工质量验收依据。